中华人民共和国电力行业标准

火力发电工程施工组织大纲
设计导则

Design guidelines for construction organization general outline of fossil-fired power plant

DL/T 5519—2016

主编部门：电力规划设计总院

批准部门：国 家 能 源 局

施行日期：2017年5月1日

中国计划出版社

2016 北 京

国家能源局

公告

2016年　第9号

依据《国家能源局关于印发〈能源领域行业标准化管理办法(试行)〉及实施细则的通知》(国能局科技〔2009〕52号)有关规定,经审查,国家能源局批准《煤层气集输设计规范》等373项行业标准,其中能源标准(NB)66项、能源/石化标准(NB/SH)29项、电力标准(DL)111项、石油标准(SY)167项,现予以发布。

上述标准中煤层气、生物液体燃料、电力、电器装备领域标准由中国电力出版社出版发行,煤制燃料领域标准由化学工业出版社出版发行,煤炭领域标准由煤炭工业出版社出版发行,石油天然气领域标准由石油工业出版社出版发行,石化领域标准由中国石化出版社出版发行,锅炉压力容器标准由新华出版社出版发行。

附件:行业标准目录

国家能源局

2016年12月5日

附件:

行业标准目录

序号	标准编号	标准名称	代替标准	采标号	批准日期	实施日期
……						
168	DL/T 5519—2016	火力发电工程施工组织大纲设计导则			2016-12-05	2017-05-01
……						

前　言

根据《国家能源局关于下达2012年第一批能源领域行业标准制（修）订计划的通知》（国能科技〔2012〕83号）的要求，标准编制组经调查研究，认真总结施工组织大纲方面设计工作经验，并在广泛征求意见的基础上，制定本标准。

本标准主要技术内容是：总则、术语、一般规定、设计说明、施工区总平面布置、施工力能供应、主要施工方案及大型机具配备、交通运输条件和大件设备运输、施工综合进度。

本标准由国家能源局负责管理，由电力规划设计总院提出，由能源行业火电和电网工程技术经济专业标准化技术委员会负责日常管理，由中国电力工程顾问集团中南电力设计院有限公司负责具体技术内容的解释。执行过程中如有意见或建议，请寄送电力规划设计总院（地址：北京市西城区安德路65号，邮政编码：100120）。

本标准主编单位、参编单位、主要起草人和主要审查人：

主 编 单 位：中国电力工程顾问集团中南电力设计院有限公司
东北电业管理局第三工程公司

参 编 单 位：上海电力建设有限责任公司

主要起草人：王　元　谢元俊　许维明　李　峻　刘启柏
陈国荣　孙晓萍　刘　刚　张子龙　郑　达

主要审查人：张　健　张智勇　叶锦树　田恩东　冉　巍
杜庆春　刘　辉　冯志勇　胡　懿　陈利华
董　明　谭至谦　袁　泉　王文臣　吴志明
唐蔚平　高　英　王仁宝　杨国利　齐俊发

目　次

Contents

1 总 则

1.0.1 为了规范火力发电工程施工组织大纲的设计范围和设计内容，使设计水平与当前施工实际水平相匹配，覆盖初步设计内容深度要求，制定本标准。

1.0.2 本标准适用于燃煤火力发电厂单机 300MW～1000MW 级机组的施工组织大纲设计。

1.0.3 本标准规定了火力发电工程施工组织大纲设计的原则和深度。

1.0.4 火力发电工程施工组织大纲的设计除应执行本标准规定外，尚应符合国家现行有关标准的规定。

2 术 语

2.0.1 施工组织大纲 the outline of construction organization

施工组织大纲是工程设计文件的组成部分，是工程项目施工任务从设计到竣工交付使用期间，对施工活动进行的计划、组织、控制的纲要性设计文件。

2.0.2 施工力能 construction energy

指工程施工期间，施工建设的用水、用电、通信等需求的统称。

2.0.3 施工区 construction area

指工程施工期间用于施工相关活动的场地。

3 一般规定

3.1 报告阶段划分

3.1.1 施工组织大纲设计报告根据设计阶段分为初步可行性研究阶段、可行性研究阶段和初步设计阶段。

3.2 初步可行性研究阶段

3.2.1 初步可行性研究报告应编制交通运输章节，内容应包括厂址周围的铁路、水路和公路的现状、规划情况和运输条件，大件设备运输方案的初步设想。初步可行性研究阶段内容深度应符合现行行业标准《火力发电厂初步可行性研究报告内容深度规定》DL/T 5374 的规定。

3.3 可行性研究阶段

3.3.1 可行性研究报告应编制“项目实施的条件和建设进度及工期”章节，内容包括施工主要场地、材料条件；施工力能引接的设想；大件设备运输的可行性以及项目实施的建设进度计划和工期。可行性研究阶段内容深度应符合现行行业标准《火力发电厂可行性研究报告内容深度规定》DL/T 5375 的规定。

3.4 初步设计阶段

3.4.1 初步设计报告应编制“施工组织大纲”部分，应包括以下 6 个方面的内容：设计说明、施工区总平面布置、施工力能供应、主要施工方案及大型机具配备、交通运输条件和大件设备运输、施工综合进度等。初步设计阶段内容深度应符合现行行业标准《火力发电厂初步设计文件内容深度规定》DL/T 5427 的规定。

3.5 地区分类

3.5.1 本标准各项指标涉及地区分类的按地区气象条件差异分为四级,分别适用于四类不同地区。施工地区分类符合表3.5.1的规定。

表3.5.1 施工地区分类表

地区		省、市、自治区名称	气象条件	
类别	级别		每年日平均温度≤5℃的天数(天)	最大冻土深度(cm)
Ⅰ	一般	上海、江苏、浙江、安徽、江西、湖南、湖北、四川、云南、贵州、广东、广西壮族自治区、福建、海南、重庆	≤94	≤40
Ⅱ	寒冷	北京、天津、河北、山东、山西(朔州以南)、河南、陕西(延安以南)、甘肃(武威以东)	95～139	41～109
Ⅲ	严寒	辽宁、吉林、黑龙江(哈尔滨以南)、宁夏回族自治区、内蒙古自治区(锡林郭勒市以南)、青海(格尔木以东)、新疆维吾尔自治区(克拉玛依以南)、西藏自治区、甘肃、陕西(延安及以北)、山西(朔州及以北)	140～179	110～189
Ⅳ	酷寒	黑龙江(哈尔滨及以北)、内蒙古自治区(霍林郭勒市及以北)、青海(格尔木及以西)、新疆维吾尔自治区(克拉玛依及以北)	≥180	≥190

注:1 西南地区(四川、重庆、云南、贵州)的工程所在地如为山区,并且施工场地特别狭窄、施工区域布置分散或年降雨天数超过150天,可核定为Ⅱ类地区。

2 当气温超过37℃的天数达到一个月,Ⅰ类中的酷热地区可核定为Ⅱ类。

3 气象条件以当地气象部门提供的资料为准。

4 地区分类所依据气象条件的两个指标必须同时具备。

5 低类别地区中有气象条件符合高类别条件的地区的,应核定为高类别地区。

4 设计说明

4.1 工程概况

4.1.1 应对工程项目情况、客观建设条件、施工环境等设计基础条件进行阐述。

4.1.2 应说明工程建设性质，本(期)工程建设规模和规划容量，电厂出线电压等级。

4.1.3 应说明工程厂址的地理位置及与主要城镇的距离。

4.1.4 应说明厂址地形地貌、自然地形标高、坡度、厂址用地性质和旧有设施拆迁情况。

4.2 设计依据

4.2.1 应包括已签订的设计合同、已签订的其他工程协议及合同、已批准的工程设计文件及图纸、相关设计专业拟定的当前设计阶段工程设计方案及国家、行业有关规程、规范及标准等。

4.3 设计范围

4.3.1 应说明承担的工程厂内、外设计范围。

4.4 设计内容

4.4.1 应说明工程主要的设计方案，包括主要系统(如热力系统、燃烧系统、燃料运输系统、电气系统等)的方案描述、主要建(构)筑物(如主厂房、冷却塔、空冷凝汽器、烟囱等)和其他附属、辅助建(构)筑物的建筑结构型式和布置尺寸、主要设备的设计参数及主要的设计工程量(如混凝土及钢筋混凝土、钢材、木材、水泥、管道、电缆等)。

5 施工区总平面布置

5.1 设计原则

5.1.1 施工区总平面布置应在本设计阶段推荐的厂区总平面布置基础上编制，包括施工场地的规划，交通运输的组织，各种施工临建、施工机具等规划布置。

5.1.2 施工区总平面布置应符合统一规划、紧凑合理、符合流程、方便施工、安全文明的原则，应充分利用可以利用的社会资源，尽量做到永临结合、综合利用，降低施工用地面积。

5.1.3 新建工程的施工区宜布置在本工程扩建端，扩建工程施工区应结合厂区总平面方案因地制宜进行布置。

5.1.4 施工区总平面布置宜减少二次搬运和运输距离，并明确土建和安装施工场地的合理分区。

5.1.5 施工区总平面布置应满足节水、节电、节地和环境保护等要求。

5.2 设计内容

5.2.1 施工区总平面布置应说明施工生产区及生活区的布置情况，各个区域的规划位置、功能和用地面积。

5.2.2 施工生产区可划分为土建作业与堆放场、安装作业与堆放场、修配加工区、机械动力区、仓库区、办公区等。各区以交通运输线为联系纽带，并满足工艺流程和施工方案的布置要求。

5.2.3 施工区的划分应符合下列要求：

1 施工生产区按照专业施工先后次序以及专业内部工序的先后次序交替使用，土建、安装共用机动场地应合理安排，以提高场地利用次数；

2 汽机房扩建端的延伸区前期可作为土建加工制作场地，后期可作为主厂房钢结构堆放组装场地、汽机管道组合场地、设备堆放场地。锅炉房扩建端的延伸区可作为锅炉设备堆放场地和组合场地。升压站扩建端外侧可作为电气施工区和土建施工区；

3 对于燃煤采用铁路运输进厂，并且厂址周围卸车及运输条件差的工程，可在条件允许的前提下设置铁路卸货专用线；

4 大宗材料的堆放场、仓库应沿进场道路主干线或铁路线布置，搅拌站、钢筋加工间、铆焊间等布置在其邻近位置；

5 施工生活区与施工生产区应保持一定间距。

5.2.4 施工区竖向布置应符合下列要求：

1 施工区竖向布置及土方平衡应与厂区统一规划；

2 当土方工程量较大时且满足施工要求的前提下，竖向布置可采用阶梯式；

3 施工排水宜永临结合，厂区永久排水系统宜及早施工投用，各施工区应有良好的雨水排水系统，方案宜采用明沟排水；

4 在未能建成永久排洪系统前，丘陵或山区现场应考虑施工期临时排洪沟。

5.2.5 施工道路的布置应符合下列要求：

1 厂区内施工道路宜根据永临结合的原则进行布置。永临结合道路的路基除应满足永久道路的设计要求外，还应满足电厂施工期间的特殊要求；

2 施工道路一般采用泥结碎石路面或混凝土路面；考虑到施工期道路的损坏情况，永临结合主干道宜先浇筑一层混凝土路面，在工程后期再按路面设计标高进行二次浇筑；

3 厂内施工道路干线的位置宜与工程永久道路的布置一致，各施工区之间应有道路连接，应满足消防要求；

4 通过大件运输车辆的道路弯道半径根据实际使用车辆的要求确定；

5 施工现场出入口不应少于两处，出入口位置应考虑到物流顺畅；

6 道路穿越栈桥或架空管道时，其通行净空高度应按拟通过的最高运输件确定，宜大于5.5m。

5.3 施工用地指标

5.3.1 施工用地面积控制指标参考表5.3.1的规定执行。

表5.3.1 施工用地面积控制指标表

序号	建设规模	施工生产区用地（hm^2）	施工生活区用地（hm^2）	施工区用地合计（施工生产区用地+施工生活区用地）（hm^2）	单位千瓦施工用地（m^2/kW）
1	Ⅰ类地区				
1-1	2×300MW	13.0	3.0	16.0	0.27
1-2	2×600MW	16.0	4.0	20.0	0.16
1-3	2×1000MW	19.0	5.0	24.0	0.12
2	Ⅱ类地区				
2-1	2×300MW	14.0	3.5	17.5	0.29
2-2	2×600MW	17.0	5.0	22.0	0.18
2-3	2×1000MW	20.0	6.0	26.0	0.13
3	Ⅲ、Ⅳ类地区				
3-1	2×300MW	15.0	4.0	19.0	0.32
3-2	2×600MW	18.0	5.5	23.5	0.20
3-3	2×1000MW	21.0	6.5	27.5	0.14

注：1 本表中四类施工地区的分类见表3.5.1。表3.5.1中因多雨酷热原因而导致地区分类改变的规定，不影响本表施工用地面积控制指标。

2 施工区用地指厂区围墙外尚需租用的施工用土地，不包括施工单位利用厂区围墙内空地作为施工场地的面积。

3 当机组容量与本表不一致时，套用就近容量机组的指标。

4 当主厂房为钢结构时，施工生产用地取值乘以0.9。当单台机组施工时施工生产区、生活区用地取值乘以0.8。

5 施工生活区建筑物以楼房为主，平房为辅。

6 本表施工用地包括交通道路及动力能源管线用地，约占施工用地面积的15%～20%。

7 表中指标不包括厂区围墙外工程的施工用地面积。

8 本标准按二次循环电厂考虑施工用地，当采用直接空冷系统或直流冷却系统时，施工生产区用地取值乘以0.9。

6 施工力能供应

6.1 设计原则

6.1.1 施工力能供应主要包括施工用水、施工用电、施工通信等内容。施工力能应本着满足施工需要、简化系统、节约社会资源的原则设计。

6.2 施工用水设计内容

6.2.1 施工现场的供水量应满足生产用水和生活用水的综合最大需求量。

6.2.2 施工水源方案应根据水源的种类、水质及水源地至施工现场的距离等因素，经技术经济比较后确定。

6.2.3 当水源或外网的供水能力小于施工现场的最大用水量时，应设置水池及升压泵房。水池容积应根据调节贮水量及消防贮水量的大小确定。寒冷地区的水池应有防冻措施。

6.2.4 施工用水单项工程的设计范围为：从取水点至施工临时供水母管、临时供水升压泵房进水侧取水贮水设施和输水管线，包括临时给水泵房至临时贮水池（塔）的配套设施和输水管线。

6.2.5 施工高峰用水量宜符合表6.2.5的规定。

表6.2.5 施工高峰用水量

序号	机组容量	高峰用水量(t/h)
1	2×300MW	200～250
2	2×600MW	250～300
3	2×1000MW	300～400

注：主厂房为钢结构时取低值。

6.3 施工用电设计内容

6.3.1 施工现场的供电量应满足施工生产用电和生活用电的综合最大需求量。

6.3.2 施工电源供给方式应根据地区条件及施工现场的情况确定。

6.3.3 施工电源的厂内供电干线应靠近负荷密集处，避开电厂生产运行场所和主要施工场地。供电干线宜从扩建端引入现场，宜沿围墙或道路布置。穿越主要施工场地和起重机械作业区时应采用地下电缆。

6.3.4 当水源地、灰场远离厂区时，其施工电源设施宜按永临结合方式设置。

6.3.5 施工电源单项工程的设计范围为：从电源引接点至施工降压变 6kV～10kV 的配电装置（或开关站）高压侧。

6.3.6 施工总用电量宜符合表 6.3.6 的规定。

表 6.3.6 施工高峰用电量

序号	机组台数及容量	变压器容量(kV·A)	高峰用电负荷(kW)
1	2×300MW	3500～4000	2800～3200
2	2×600MW	5000～7000	4000～5600
3	2×1000MW	7000～8000	5600～6400

注：多标段施工时可根据施工情况取 1.2～1.5 调整系数。

6.4 施工通信设计内容

6.4.1 施工通信应从当地电信部门通信引接点引接至施工现场，当需新建线路时，宜按永临结合的方式架设考虑。施工现场宜采用有线电话，移动电话和无线通信结合的方式解决施工通信需求。

7　主要施工方案及大型机具配备

7.1　主要施工方案

7.1.1　为保证工程项目设计方案施工的可行性，施工组织大纲应拟定对总工期控制起关键作用项目的施工初步方案。施工方案包括土建主要施工方案、安装主要施工方案以及特殊施工措施方案等。

7.1.2　主要施工方案设计应包括下列内容：

1　场地平整、地基处理及基础施工、施工降水、基坑防护的方案；

2　主厂房、烟囱、冷却塔等主要建(构)筑物的施工方案；

3　锅炉、汽轮机、发电机、变压器等主要设备的吊装方案；

4　冬雨季施工措施和方案；

5　所采取的特殊施工措施方案及要求。

7.2　大型机具配备

7.2.1　大型机具配备设计应综合考虑现场安全、质量、进度及文明施工等方面要求，兼顾适用性和经济性，满足工程需要。

7.2.2　大型机具配备设计应包括下列内容：

1　应根据工程进度要求、设备最大单件重量、设备组合吊装方式、吊车覆盖的吊装范围及场地条件等因素，综合考虑配备符合工程建设需要的大型机具；

2　主要施工起重机械配置可参考表 7.2.2-1～表 7.2.2-3 的规定执行。

表 7.2.2-1　2×300MW 机组工程主要施工机械配备参考表

序号	机械名称	工作能力	数量	备　注
1	塔式起重机	1200tm～3000tm 50t～100t	1～2	轨道式能力取较高值，附壁式能力取较低值
2	塔式起重机	300tm/16t	1～2	—
3	塔式起重机	80tm～120tm/6t～10t	5～8	—
4	龙门起重机	40t/42m～63t/42m	4～6	—
5	龙门起重机	10t/22m～20t/22m	4～6	—
6	履带式起重机	50t～250t	1～2	—
7	汽车式起重机	16t～50t	4～8	—

表 7.2.2-2　2×600MW 机组工程主要施工机械配备参考表

序号	机械名称	工作能力	数量	备　注
1	塔式起重机	1200tm～4000tm 80t～120t	2～3	轨道式能力取较高值，附壁式能力取较低值
2	塔式起重机	300tm/16t	1～2	—
3	塔式起重机	80tm～120tm/6t～10t	5～8	—
4	龙门起重机	40t/42m～63t/42m	5～8	—
5	龙门起重机	10t/22m～20t/22m	5～8	—
6	履带式起重机	50t～400t	2～3	—
7	汽车式起重机	25t～150t	4～8	—

表 7.2.2-3　2×1000MW 机组工程主要施工机械配备参考表

序号	机械名称	工作能力	数量	备　注
1	塔式起重机	2200tm～5000tm 100t～150t	2～3	轨道式能力取较高值，附壁式能力取较低值
2	塔式起重机	300tm/16t	1～2	—
3	塔式起重机	80tm～120tm/6t～10t	6～10	—
4	龙门起重机	40t/42m～63t/42m	5～8	—
5	龙门起重机	10t/22m～20t/22m	5～8	—
6	履带式起重机	50t～600t	2～4	—
7	汽车式起重机	25t～150t	4～8	—

8　交通运输条件和大件设备运输

8.1　交通运输条件

8.1.1　交通运输条件应说明厂址附近的铁路、公路、水路运输概况，铁路车站、港运码头以及施工道路的设置及运输条件。

8.2　大件设备运输

8.2.1　应说明主要大件设备的运输参数，包括：锅炉汽包、锅炉大板梁、低压缸、低压转子、发电机定子、除氧器水箱、磨煤机大罐、主变压器的运输尺寸，运输重量及重件台数。

8.2.2　应根据工程所在位置编制大件运输方案，必要时应由有资质的单位编制大件设备运输方案专题研究报告。

8.2.3　应根据工程运输方案或大件运输的专题研究报告计算大件运输措施费。

9 施工综合进度

9.1 施工工期设计原则

9.1.1 施工组织大纲确定的进度(工期)是发电厂工程项目总体进度中的施工综合进度。施工综合进度是协调全部施工活动的纲领,应根据项目建设条件、施工技术、建设单位要求等主客观因素,在符合科学、合理和文明施工的基础上进行设计。

9.2 施工工期设计内容

9.2.1 施工组织大纲设计编制的施工综合进度深度应满足总体施工控制进度要求,内容应以工程计划投产日为依据,从施工准备开始到本项目建成为止,包括对各主要环节的综合进度安排,反映出各主要控制工期和建设里程碑、关键节点的工期控制目标。

9.2.2 工期控制主要节点是施工进度控制的关键,土建、安装、调试作业的安排应以确保控制节点的实现为目标。工期控制主要节点包括:现场施工准备、主厂房开挖、主厂房基础浇第一方混凝土、安装开始以及机组投产等节点。

9.3 施工工期建议指标

9.3.1 火力发电厂的施工工期建议指标可按表9.3.1编制。

表 9.3.1 新建火力发电工程施工工期参考表(月)

序号	地区类别	机组台数及容量	现场施工准备	主厂房开挖至主厂房基础浇第一方混凝土	主厂房基础浇第一方混凝土至安装开始	安装开始至1号机组投产	1号机组投产至2号机组投产	主厂房基础浇第一方混凝土至1号机组投产	主厂房基础浇第一方混凝土至2号机组投产
(1)	(2)	(3)	(4)	(5)	(6)	(7)	(8)	(9)=(6)+(7)	(10)=(6)+(7)+(8)
1-1	Ⅰ类地区	2×300MW	3	2	3	18	2	21	23
1-2	Ⅱ类地区	2×300MW	3	2	3	19	2	22	24
1-3	Ⅲ类地区	2×300MW	3	3	3	20	3	23	26
1-4	Ⅳ类地区	2×300MW	4	3	4	20	3	24	27
2-1	Ⅰ类地区	2×600MW	3	2	3	20	2	23	25
2-2	Ⅱ类地区	2×600MW	3	2	3	21	2	24	26
2-3	Ⅲ类地区	2×600MW	4	3	3	22	3	25	28
2-4	Ⅳ类地区	2×600MW	4	3	4	22	3	26	29
3-1	Ⅰ类地区	2×1000MW	4	2	3	22	3	25	28
3-2	Ⅱ类地区	2×1000MW	4	2	3	23	3	26	29
3-3	Ⅲ类地区	2×1000MW	5	3	4	24	4	28	32
3-4	Ⅳ类地区	2×1000MW	5	3	5	24	4	29	33

注:1 主厂房基础垫层浇第一方混凝土为开工考核工期指标时,工期以本表第(9)、(10)为准。

2 若以主厂房开挖开工考核指标,则考核工期应为第(9)、(10)项加上第(5)项。

3 新建工程的机组台数多于两台且主厂房零米以下为一次施工时,土建工期按增多的台数相应增加,每增加一台按本表第(6)项增加1.5个月。第(7)、(8)项不变,第(9)、(10)项相应调整。

4 改、扩建工程的工期定额,视工程繁简程度按本表第(4)、(5)、(6)、(7)、(8)项乘以0.7~0.9的折减系数计算,第(9)、(10)项相应缩减。

5 以上工期按主厂房为钢筋混凝土结构,锅炉炉架为钢结构方案考虑;当主厂房及锅炉炉架均为钢结构时,工期缩短2个~3个月。

6 施工按两台机组相对独立考虑,即大型机械布置互不占用锅炉、集控楼工程等场地。如果两台机组由一家施工单位施工,现场的机械投入和布置会影响到一些工序的开工和交叉作业,对两台机组的投产间隔和总工期会有一定的影响,应在计划编排时给予统筹合理考虑,原则上执行本表指标不增加工期。

本标准用词说明

1 为便于在执行本标准条文时区别对待，对要求严格程度不同的用词说明如下：

1）表示很严格，非这样做不可的：

正面词采用“必须”，反面词采用“严禁”；

2）表示严格，在正常情况下均应这样做的：

正面词采用“应”，反面词采用“不应”或“不得”；

3）表示允许稍有选择，在条件许可时首先应这样做的：

正面词采用“宜”，反面词采用“不宜”；

4）表示有选择，在一定条件下可以这样做的，采用“可”。

2 条文中指明应按其他有关标准执行的写法为：“应符合……的规定”或“应按……执行”。

引用标准名录

《火力发电厂初步可行性研究报告内容深度规定》DL/T 5374
《火力发电厂可行性研究报告内容深度规定》DL/T 5375
《火力发电厂初步设计文件内容深度规定》DL/T 5427

中华人民共和国电力行业标准

火力发电工程施工组织大纲设计导则

DL/T 5519—2016

条 文 说 明

制 订 说 明

《火力发电工程施工组织大纲设计导则》DL/T 5519—2016，经国家能源局2016年12月5日以第9号公告批准发布。

本标准主要编制原则如下：

1. 编制工作按住房城乡建设部《工程建设标准编写规定》（建标〔2008〕182号）的要求进行；

2. 导则内容划分以国家能源局发布的《火力发电厂初步设计文件内容深度规定》DL/T 5427—2009对施工组织大纲部分的相关要求为基准，对应设计深度要求制定本标准以指导设计单位相关专业初步可行性研究，可行性研究及初步设计阶段的设计文件编制工作；

3. 根据国内近年建设火力发电工程的设计施工情况，以工程实际调研情况为依据，形成本标准；

4. 编制过程贯彻执行国家的有关法律、法规、标准和规范；

5. 加强与现行相关标准之间的协调。

为便于广大设计、施工、科研、学校等单位有关人员在使用本标准时能正确理解和执行条文规定，编制组按章、节、条顺序编制了本标准的条文说明，对条文规定的目的、依据以及执行中需注意的有关事项进行了说明。但是，条文说明不具备与标准正文同等的法律效力，仅供使用者作为理解和把握标准规定的参考。

目　次

1 总　　则

1.0.2 鉴于目前我国常规火力发电厂建设的主力机组为300MW及以上机组，编制过程中仅选用300MW、600MW、1000MW机组作为代表。

3 一般规定

3.5 地区分类

3.5.1 1997年原电力工业部颁发的“电力工程项目建设工期定额”中将地区分类确定为四类，之后颁布的“电力建设工程工期定额”沿用了该地区分类方法。在调研具体情况的基础上，本标准也采用该分类办法。

4 设计说明

4.2 设计依据

4.2.1 施工组织大纲的编制应明确设计依据，相关设计合同、协议、文件和其他专业的设计方案均是施工组织大纲的设计基础。

5 施工区总平面布置

5.1 设计原则

5.1.1 施工组织大纲只对厂区总平面布置推荐方案做相应施工场区总平面布置，并为工程初步设计概算提供计算依据。厂区总平面布置对比方案可不做施工区总平面布置设计。

5.2 设计内容

5.2.2 考虑各地环境、条件、施工方法的差异，本条中的施工区类别仅为参考划分，并不要求各工程的统一。

5.2.3 实际工程的施工生活区布置情况较为复杂，各施工区的位置可根据工程实际总平面布置确定，本条仅做原则性的建议。

5.2.4 当厂区采用阶梯式布置时，施工组织大纲需根据施工区场地的情况进行设计。在条件允许的情况下，主要施工安装组合场地宜与厂区标高相同，其他堆场和施工场地可阶梯布置。阶梯布置方案需注意各阶梯高差不宜过大，且要保证交通运输通道的畅通。

5.2.5 厂区施工道路采用“永临结合”的原则可以降低施工费用，对有施工特殊要求的道路路基，要加强与相关设计专业的沟通，确定设计方案。

目前大件运输车辆种类繁多，承载重量从100t级到400t级，各种车辆性能不同，所要求的弯道半径也不一样，所以要求根据实际情况确定。

5.3 施工用地指标

随着近年施工水平和现场管理水平的提高，施工用地面积较原来有了较大幅度的缩减，施工用地面积的确定，主要参考了近年设计的各类型电厂的设计用地情况和施工单位实施的实际用地情况调研资料。对原电力工业部《火力发电厂施工组织大纲设计规定（试行）》（电规〔1997〕274 号）的用地指标做了相应调整。

6 施工力能供应

6.2 施工用水设计内容

6.2.3 施工现场贮水设施应根据现场实际情况而定，因电厂单机容量差异和现场供水条件不同，个体情况差异较大，故本条只做定性描述而不作定量指标规定。

6.2.4 施工组织大纲设计的施工用水方案是供火力发电工程建设概（预）算计列工程费用之用，所以根据《火力发电工程建设预算编制与计算规定》设计范围包括工程临时设施费以外的工程量，具体为场外供水管道及装置，水源泵房，施工、生活区供水母管。其设计方案仅供计工程量列费用而不能作为施工依据。

6.2.5 随着近年施工水平和现场管理水平的提高，施工用水量较早前有了一定程度的优化，主要参考了近年设计的各类型电厂的设计用水情况和施工单位实施的实际用水情况调研资料。对原电力工业部电规〔1997〕274 号《火力发电厂施工组织大纲设计规定（试行）》的用地指标做了相应调整。

6.3 施工用电设计内容

6.3.5 施工组织大纲设计的施工用电方案是供火力发电工程建设概（预）算计列工程费用之用，所以根据《火力发电工程建设预算编制与计算规定》设计范围包括工程临时设施费以外的工程量，具体为施工、生活用 380V 变压器高压侧以外的装置及线路（不含 380V 降压变）。其设计方案仅供计工程量列费用而不能作为施工依据。

6.4 施工通信设计内容

6.4.1 根据目前电信解决方案,施工通信宜直接向当地电信部门报装,由电信部门结合电厂永久通信需求统一解决。施工现场可采用多种通信方式结合的形式解决通信需要。

7　主要施工方案及大型机具配备

7.1　主要施工方案

7.1.2　施工组织大纲所制定的施工方案，主要作用是从施工的角度判断设计方案是可以实施的，具体的施工方案需要施工单位在施工组织总设计中根据自身的能力和机具配备来最终确定。所以这里的主要施工方案不可能完全符合项目的建设实际情况，而是对施工方案初步的拟定。其内容深度按照《火力发电厂初步设计文件内容深度规定》DL/T 5427—2009 第 4.21.3 条的内容确定。

5　特殊施工措施有些是可以预知的，但有些可能是施工过程中才能发现的，这里指可以预见的特殊施工措施，主要包括非常规的设计方法需要特殊方法施工的以及特殊的施工环境中需要采取特殊技术、安全、环境措施的施工项目等。

7.2　大型机具配备

施工机械的配备要根据项目建设的需要、施工企业的自有资源和社会资源来确定，施工组织大纲编制时，项目施工单位尚未确定，所以无法确定最终使用的施工机具。设计人员应根据项目情况说明完成本工程建设任务，建议施工单位配备大型起重运输机具。编制组根据调研，总结了各等级火力发电项目主要施工机具的配置数量，具体可参见表 7.2.2-1～表 7.2.2-3。

8　交通运输条件和大件设备运输

8.2　大件设备运输

8.2.1　根据现行电力行业标准《电力大件运输规范》DL/T 1071—2014 对电力大件的解释，电力大件指电源和电网建设生产中的大型设备及构件，其外形尺寸或质量符合下列条件之一：

(1)长度大于 14m 或宽度大于 3.5m 或高度大于 3.0m；

(2)质量在 20t 以上。

电力工程的大件运输范围，按装载运输轮廓尺寸和质量可分为四级，按其长、宽、高及质量四个条件之中级别最高的确定，具体划分见表 1。

表 1　电力大件分级标准

电力大件等级	设备长度(m)	设备宽度(m)	设备高度(m)	设备重量(t)
一级	14≤长度＜20	3.5≤宽度＜4.5	3.0≤高度＜3.8	20≤质量＜100
二级	20≤长度＜30	4.5≤宽度＜5.5	3.8≤高度＜4.4	100≤质量＜200
三级	30≤长度＜40	5.5≤宽度＜6.0	4.4≤高度＜5.0	200≤质量＜300
四级	长度≥40	宽度≥6.0	高度≥5.0	质量≥300

根据相关文件的规定，符合上表参数条件之一者均属“大件”，但并不要求所有的大件设备一一列举，仅要求对火力发电厂的主要大件设备，参数、运输难度最大的设备做重点描述，主要包括的设备应符合 8.2.1 条的要求。

8.2.2、8.2.3　项目的大件运输方案，在工程前期阶段应该已经初步确定，因火力发电厂工程大件设备运输参数较大，往往运输难度很大，电力设计院没有相关资质和能力确定其运输方案，根据相关文件规定委托有资质的单位编制了大件设备运输方案专题研究报告的，电力设计院应对其研究成果进行复核，并根据其结论确定大件运输方案及措施费。

“有资质的单位”的资质指的是道路运输经营许可证的大型物件运输资质最高为四类及电力大件运输企业承包资质最高为总承包甲级。

9　施工综合进度

9.2　施工工期设计内容

9.2.1　根据设计阶段所能达到的深度，这里规定了施工组织大纲中施工综合进度的要求。更深、更细致的施工进度一般由建设单位和施工单位配合编制。

9.2.2　本条明确了各个控制主要节点的定义，工程开工的标准作业点，各建设单位和施工单位不尽相同，有的以主厂房挖土为准，有的以浇第一罐垫层混凝土为准，所以这里未明确工程开工的标志作业时间点。对于各主要节点定义如下：

(1)"现场施工准备"工期是指工程初步设计及施工组织大纲已批准，工程及施工用地的征(租)手续已办妥，与各施工单位签订的合同已经生效，从主要施工单位进入现场，开始进行总体施工准备工作起至基本具备开工条件所需的工期；

(2)"主厂房开挖"是指现场总体施工准备工作基本完成，主要施工生产线已形成生产能力，完成相应的物资准备和技术准备时，现场开始挖土的时间点；

(3)"主厂房基础垫层浇第一方混凝土"是指主厂房开挖完成，主厂房基础施工方案已批准；现场水、电、机械、道路、照明等已具备混凝土浇筑条件；混凝土供应能满足现场连续施工要求后，现场浇灌第一方混凝土的时间点；

(4)"安装开始"是指从锅炉吊装钢架开始的时间；

(5)"机组投产"是指机组整套启动并完成168h试运行后移交生产。

9.3　施工工期建议指标

9.3.1　随着近年施工水平和现场管理水平的提高，施工工期较早前有了一定程度的优化，但我国幅员辽阔，因地域、气候差异及各电建施工单位建设水平及人员配置不同，导致同类型工程施工实际工期有较大差距，加上各建设单位要求不一致，存在超过当前施工水平的建设工期要求，因此，如何确定切合实际的合理工期，是大家关注的问题。在本导则的编制过程中主要参考了近年设计的各类型电厂的设计计划工期和施工单位实施的实际工期情况调研资料，制定了新建工程施工工期参考表，供参考使用。